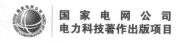

国家电网公司
电力科技著作出版项目

输变电环保
典型问题沟通手册

国家电网公司科技部　组编

U0381766

中国电力出版社
CHINA ELECTRIC POWER PRESS

内容提要

优质、可靠、安全、清洁的电力供应，是经济社会持续发展的基本保障。近年来，各级电网快速发展，输变电设施的环境影响问题也逐渐引起公众的关注。

为向公众介绍输变电设施的基础性和公益性，传播客观、科学的电网环保知识，国家电网公司科技部组织专家梳理归纳了36个典型问题，采用一问一答的形式，给出了规范的答案，编写成本书。

本书可供从事电网建设和运营的工作人员阅读，也可作为电网环保公众沟通的参考资料使用。

图书在版编目（CIP）数据

输变电环保典型问题沟通手册/国家电网公司科技部组编. — 北京：中国电力出版社，2016.12（2025.4重印）
ISBN 978-7-5123-9249-6

Ⅰ. ①输… Ⅱ. ①国… Ⅲ. ①输电-电力工程-环境保护-手册②变电-电力工程-环境保护-手册 Ⅳ. ①X322-62

中国版本图书馆CIP数据核字（2016）第085059号

中国电力出版社出版、发行
（北京市东城区北京站西街19号　100005　http://www.cepp.sgcc.com.cn）
三河市万龙印装有限公司印刷
各地新华书店经售

＊

2016年12月第一版　　2025年4月北京第七次印刷
710毫米×980毫米　32开本　3印张　43千字
定价25.00元

本书编审组

编　写	李　睿	卢　林	吴桂芳
	江建华	周　兵	柯昌麟
	曹文勤	马悦红	裴春明
	孔　玮	汪美顺	洪　倩
审　核	向　力	杨新村	邬　雄
	崔　翔	张广洲	

前　言

　　现代社会，人们的生产生活离不开电。优质、可靠、安全、清洁的电力供应，是社会经济持续发展的基本保障。当前，以"清洁替代、电能替代"为特征的能源生产消费方式变革方兴未艾，电网作为重要的基础设施，在优化能源资源配置、消纳清洁能源、应对环境污染等方面正在发挥越来越大的作用。

　　长期以来，人们对电网中的输变电设施到底有哪些环境影响一直十分关注。在输变电工程建设运行过程中，电网企业的员工也经常会被问及这方面的问题。

　　为了进一步向公众介绍输变电设施的基础性和公益性，传播客观、科学的电网环保知识，国家电网公司科技部组织有关专家，对公众普遍关注的输变电环保方面的问题进行了搜集、整理和分析,从中归纳出 36 个典型问题,并在以往工作成果的基础上,编写了规范的答案。本书可供从事电网建设和运营的工作人员阅读,也可作为电网环保公众沟通的参考资料使用。

在此谨向参加编写、审核工作的各位专家致以衷心的感谢。不当之处,恳请读者批评指正。

编　者

2016 年 12 月

目　录

第三章　输变电工程的电磁环境标准

第四章 输变电工程的噪声

第五章 输变电工程的环保管理及相关法律法规

第六章 其他问题

第一章
电网的基本知识

01　电是如何送到千家万户的？

类似问题：电力系统是怎么组成的？

答案▶ "电"是对"电能"的简称。电能是目前人类社会使用的最清洁和最广泛的二次能源，其特点是不易大规模储存，发电、输电、配电和用电需要在同一瞬间完成。

电能从生产到使用要经历多个环节以及大量复杂设备。发电厂发出的电通常是通过升压变电站、高压架空输电线路、降压变电站、配电线路到达用户。从专业角度讲，电能的生产、传输、分配、使用就构成了电力系统，包括发电、输变电、配电和用电四个环节。就具体过程而言，发电厂发出的电能（发电环节）经升压变电站的变压器升高电压后，送入输电线路，输电线路将电能输送到较远的用电地区（输变电环节），用电地区降压变电站的变压器将电压降低后，送入配电线路（配电环节），最后电能通过配电线路送到城市、郊区、乡镇和农村，并进一步分配和供给工业、农业、商业、居民以及特殊需要的用电部门（用电环节），见图 1-1。

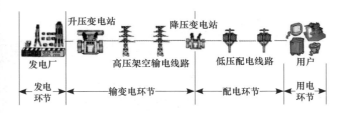

图 1-1　电力系统示意图

02 我国输配电系统包括哪些电压等级？

答案▶ 电能的输送和分配是由输配电系统完成的。输电系统主要实现电能的远距离传输，其特点是高电压、大容量、远距离；配电系统主要是将电能就近分配到用户，其特点是低电压、小容量、近距离。其中，输电系统可以根据电能传输方式分为交流输电系统和直流输电系统两大类，配电主要采取交流输电方式。在我国交流输配电系统主要采用三相系统，按电压等级分类，有特高压、超高压、高压、中压、低压五类 12 种电压等级；直流输电系统主要采用双极系统，有特高压、高压两类五种电压等级，具体电压等级分类见表 1-1、表 1-2。

表 1-1　　我国交流输配电系统的电压等级

输电系统			配电系统		
特高压（kV）	超高压（kV）	高压（kV）	高压（kV）	中压（kV）	低压（V）
1000	750　500　330	220	35、66、110	10/20	220（单相）/380

表 1-2　　　　　　我国直流输电系统的电压等级

特高压（kV）		高压（kV）		
± 1100	± 800	± 660	± 500	± 400

　　另外，还有电压源型直流输电（即柔性直流）方式，目前电压等级有 ± 160kV、± 200kV、± 320kV 和 ± 500kV 等。

03 采用特高压输电有什么好处？

类似问题：特高压输电有哪些优势？

答案▶我国幅员辽阔、人口众多，社会经济正处于快速发展阶段，对电能的需求也持续大幅增长。发展特高压输电技术，不仅可以解决我国能源资源与能源需求逆向分布、区域电网互联等问题，为我国经济社会可持续发展提供稳定可靠电力供应，还将为大规模开发利用清洁能源提供重要技术保障，具有显著的规模经济效益。特高压输电的优势主要表现在以下几个方面：

（1）可以满足大规模、远距离、高效率电力输送要求。我国能源资源与负荷中心逆向分布的特征明显，能源资源大部分集中在西部、北部地区，负荷中心集中在东中部、东南部地区，大型能源基地与负荷中心的距离可达 1000～3000km，因此，要保障大型能源基地的集约开发和电力可靠送出，需要大力发展具有输送容量大、距离远、效率高等特点的特高压输电技术。

（2）有利于改善环境质量。采用特高压输电，可以推动清洁能源的集约化开发和高效利用，将我国西南地区的水电、西北和北部地区的风电、太阳能发电等清洁电能大规模、远距离输送至东中部、东南部负荷中心，实现"电从远方来、来的是清洁电"，减少化石能源消耗及污染物排放，具有显著的环境效益。

（3）有利于提高电网运行的安全性。采用"强交强直"的特高压交直流混合电网输电，可以大大降低直流系统故障情况下 500kV 电网潮流转移能力不足、无功电压支撑弱等问题，降低电网大面积停电的风险，并可为下一级电网逐步分层分区运行创造条件，解决短路电流超限等限制电网发展的问题，提高电网运行的灵活性和可靠性。

（4）有利于提高社会综合效益。相对于高压、超高压输电，采用特高压输电能够大量节省输电走廊，显著提高单位走廊宽度的输送容量，节约宝贵的土地资源，提高土地资源的整体利用效率。

04 为什么有些线路用交流输电有些线路用直流输电？

类似问题：交流输电与直流输电有什么区别？

答案▶ 输电方式分为交流输电和直流输电两种。交流输电主要用于构建坚强的各级输电网络，其中间可以落点，电力的接入、传输和消纳十分灵活，是各级电网安全稳定运行的基础。

直流输电主要用于中间不需落点的点对点输电工程，其特点是可以点对点、大功率、远距离直接将电力送往负荷中心，减少或避免大量过网潮流。

交流输电类似高铁运输，站站可停，运营灵活；直流输电类似飞机运输，点对点停靠，运行效率很高。交流输电与直流输电配合，已成为现代电力传输系统的发展趋势。

05 变电站按布置方式分为哪几种？各有什么特点？

答案▶ 变电站的布置方式分为三种，分别是户外式、户内式、半户内式，见图 1-2~ 图 1-4。其特点分别为：

（1）户外变电站，是指除控制设备、直流电源设备等放在室内以外，变压器、断路器、隔离开关等主要设备均布置在室外的变电站。这种布置方式占地面积大，电气装置和建筑物可以充分满足各类距离要求，如电气安全净距、防火间距等，运行维护和检修方便。电压等级较高的变电站一般采用室外布置。

（2）户内变电站，是指变压器、断路器、隔离开关等主要设备均放在室内的变电站。

图 1-2　户外变电站

(a) 户内变电站 1

(b) 户内变电站 2

图 1-3 户内变电站

图 1-4 半户内变电站

该类型变电站减少了总占地面积，但对建筑物的内部布置要求更高，具有紧凑、高差大、层高要求不一等特点，易满足周边景观需求，适宜城市居民密集地区，或位于海岸、盐湖、化工厂及其他空气污秽等级较高的地区。

（3）半户内变电站，是指除主变压器以外，其余全部配电装置都集中布置在生产综合楼内不同楼层的电气布置方式。该方式结合了户内变电站节约占地面积、与四周环境协调美观、设备运行条件好和户外变电站造价相对较低的优点，适宜在经济较发达的小城镇以及需要统筹考虑环境协调性和经济技术指标的区域建设。

06 为什么高压输电线路大多用架空线而不用地下电缆？

答案▶ 输电线路敷设按使用材料和敷设方式的不同可分为架空线路和地下电缆两种。

表 1-3 是架空线路和地下电缆特点的比较，通过比较可知，架空线路以其输送容量大、供电安全可靠性高、过载能力强、施工检修方便、造价较低等优点，广泛应用于高压、超高压及特高压线路；地下电缆主要用于城市中心或对景观要求高的区域。因此电力系统在规划设计输变电工程时，通常综合考虑供电的安全性、可靠性、输电能力以及景观和造价等因素，首选的是架空线路，而非地下电缆。

表 1-3 架空线路与地下电缆的特点对比

特点、类型	架空线路	地下电缆
技术	空载损耗小，受端电压升高小	空载损耗大，容易产生受端电压升高，影响系统稳定性

续表

特点、类型	架空线路	地下电缆
输出功率	输送功率大，过载能力强	输送功率小（受绝缘材料限制），过载能力差
设计、施工与维修	施工相对容易，维护检修方便、造价相对较低	施工难度较大，维护检修困难
造价	较低	较高
适用条件	高压、超高压及特高压、长距离输送	主要用于城市中心区域，中压、高压输送

07　为什么要在城区（人口密集区）建变电站？

答案▶ 城区变电站通常是用于供配电的降压变电站。变电站的选址在满足电能质量的前提下，必须均衡考虑负荷分布和供电半径两个重要因素。负荷分布是用负荷密度（代表每平方千米的平均用电功率）进行计量，通俗来讲，人口密度大的地区负荷密度也大，尤其是城市中心区域，其供电质量和可靠性要求高，负荷密度一般都很大。根据相关资料，北京、上海、广州等经济发达城市，供电负荷密度已达到 $10\sim50\mathrm{MW/km^2}$。同时，由于输电线路在输送功率时，沿线会产生电压降，不同电压等级的线路，有不同最大供电距离的限制，即供电半径的限制。

交流输电线路电压等级与输送容量及输送距离（即经济供电半径）之间的关系参见表 1-4。

表1-4 交流输电线路电压等级与输送容量及输送距离的关系

额定电压（kV）	输送容量（MW）	输送距离（km）
10	0.2~2	6~20
35	2~10	20~50
110	10~50	50~150
220	100~300	100~300

随着城市建设和经济的高速发展，市区人口不断增加，用电需求更加多样化，用电负荷也大大增加，对同一区域而言，原有的供电容量常常无法满足用电需求。如城市中常用的10kV配电线路，其输送容量为0.2~2.0MW，输送距离可达20km，对应的用电负荷密度仅为0.018MW/km²，即使向同一区域送出20回10kV配电线路，也仅能满足0.35MW/km²的负荷密度，远不能满足城市区域特别是人口密集区的用电需求，还会大幅占用稀缺的土地资源，非常不科学、不经济，因此，可取的方法只能是大幅缩小供电半径。目前我国城市市区内110kV变电站的供电半径通常为1.1~1.5km。另外，为满足供电可靠性和电网稳定性，城市变电站在正常运行方式下，任一元件故障动作或因故障

断开，其他元件不至于过载，需要在一定距离内设多个互为支持的变电站。这就是在城区（人口密集区）建变电站的原因。

第二章
输变电工程的电磁环境

01 什么是电场、磁场和电磁场？

答案▶ 电场是电荷周围空间存在的一种特殊形态的物质。电场用电场强度来表征，以伏特每米（V/m）或千伏每米（kV/m）计量，电场可被木头、金属等普通材料屏蔽。在电场作用下会产生静电感应现象。

磁场是一种特殊形态的物质，运动的电荷、电流、磁极和变化的电场，在其周围空间都会产生磁场。磁场用磁感应强度来表征，只要有电流通过，导体周围就会产生磁场。磁感应强度以特斯拉（T）或更常用的毫特斯拉（mT）、微特斯拉（μT）表示。在有些国家，磁感应强度还常用另一个单位高斯（G）表示（1T=10000G）。磁场不能被大多数普通材料所屏蔽，很容易穿过这些材料。

电场和磁场在源头附近最强，随距离增加而衰减。

电磁场是具有内在关联、相互依存的电场与磁场统一体。随时间变化的电磁场与准静态的电场和磁场有显著的差别，出现一些由于时变而产生的效应。电磁场的性质、特征及其运动变化规律由麦克斯韦方程组确定。

02 交流输变电设施的电场和磁场有什么特点？

答案▶ 在我国，交流输变电设施的工作频率（简称工频）是 50 赫兹（Hz），因此交流输变电设施产生的电场和磁场属于工频电场和工频磁场。工频的特点是频率低、波长长。我国工频是 50Hz，波长是 6000km。

高压架空输电线路周边工频电场强度主要取决于输电线路电压等级、导线的架设高度、与导线之间的距离以及导线的排列方式等；工频磁感应强度主要取决于输电线路电流的大小、导线的架设高度、与导线之间的距离以及导线的排列方式等。

（1）相同条件下，输电线路电压等级越高，线下工频电场强度越大；输电线路输送电流越大，工频磁感应强度越大。

（2）随着与输电线路导线距离的增加，工频电场强度和工频磁感应强度降低很快。

（3）输电线路导线架设越高，线下工频电场强度和工频磁感应强度越小。因此只要合理设计线路，就可以减小线路附近空间的工频电场强度和工频磁感应强度。

变电站运行时，带电设备和导体上的电荷会在周围产生工频电场。变电站外非进出线方向上，由于工频电场强度随距离的增加而衰减，加之围墙对工频电场有一定的屏蔽作用，围墙外的工频电场强度很小。变电站运行时，带电导体中的电流在其周围空间会产生工频磁场。而在变电站外非进出线方向上，工频磁感应强度随距离的增加而衰减，围墙外的工频磁感应强度也很小。

03

高压架空输电线路附近为什么人有时会有皮肤发麻或者刺痛的感觉？对人体健康有没有影响？

类似问题：①什么是静电感应？对人体健康有影响吗？②住在高压架空输电线路旁边有时会有感应电现象，会对我们的生活和健康带来影响吗？③为什么下雨天在输电线路旁打伞有时会有发麻的感觉？④高压架空输电线路下穿凉鞋在草丛里走时脚的裸露部分有时会感到刺痛感，为什么？

答案▶ 输电线路周围存在电场，在其周围，人和其他导体表面会感应出电荷，当人触摸到导体时，这些电荷会发生转移（从人向接地的物体或者从物体经人体入地），从而有微小的电流流过人体，使人体在瞬间可能感觉到有轻微的"麻电"感。这种现象只有在高压输电线路下方电场强度较高的局部地方才能感受到。当两者的电荷平衡时，这种"麻电"的感觉就消失了。

雨天在高压输电线路下打伞通过，有时碰到金属伞柄，出现瞬时"麻电"，就是伞骨上的感应电荷在人触摸时产生瞬时转移造成的。高压输电线下穿凉鞋在草丛里行走时，脚的裸露部分感受到轻微的刺痛感，以及触碰金属物（如抽水机外壳、接地体、金属窗框、金属把手等），出现"被电打了一下"的现象，则是人体感应的电荷向接地物瞬时转移引起的。

国际标准制订机构认为，这种痛感刺激的发生概率很小，其程度与电击和灼痛完全不同，属于短暂、无危害的不适，没有累积的健康影响。

在输电线路感应电现象中，更大的接触电流及火花放电的痛感通常只会在触摸到未良好接地的、与输电线路平行走向的大型金属物体（如未良好接地的金属长围栏、未接地的蔬菜大棚金属骨架、两端断开的低压配电线路等）时，或触摸到停在高压输电线下方、轮胎绝缘良好的大型车辆外壳时才会发生。这种情况通常是偶发的且难以预料。针对这种影响，可以通过将这些导体进行良好接地的方式予以消除。

04 高压架空输电线路的工频电场和工频磁场水平如何？

答案▶ 高压架空输电线路的工频电场强度大小主要取决于线路电压等级、导线对地高度、导线的排列方式（布置方式、相序等）以及与线路之间的距离等。

（1）导线对地高度的影响。增加导线的架设高度，可降低地面上方的工频电场强度。

（2）单回架空线路导线布置方式的影响。对于单回输电线路，按其导线布置方式可分为水平排列、正三角排列和倒三角排列三种方式。采用单回倒三角排列方式，线下地面工频电场强度的最大值和走廊宽度均比其他两种方式下的小。

（3）同塔多回输电线路相序排列方式的影响。对于同塔多回输电线路，相导线按不同的相序布置，各相导线电压在空间产生的工频电场合成效果不同。

（4）与线路距离的影响。沿垂直输电线路方向，随着与线路距离的增加，地面工频电场强度快速减小。

以 1000kV、500kV 和 220kV 交流输电线路为例给出了线路下方工频电场强度在垂直线路方向上的分布曲线。1000kV 线路为同塔双回垂直逆相序布置，导线对地最小高度为 26m，500kV 线路为单回三角布置，导线对地最小高度为 14m，220kV 线路为单回水平布置，导线对地最小高度为 7.5m。由图 2-1 中工频电场分布特征可以看出，虽然电压等级和导线布置方式不同，但选择合适的对地高度，可将线下地面处的工频电场强度最大值控制在同样的水平。

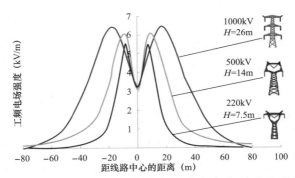

图 2-1　工频电场强度在垂直线路方向上的分布曲线

通过合理选择以上影响因素，可使高压架空输电线路的地面工频电场强度满足 GB 8702—2014

《电磁环境控制限值》规定的限值要求。

　　高压架空输电线路的工频磁感应强度大小主要取决于线路电流的大小、导线对地高度、导线的排列方式（布置方式、相序和相间距）以及与线路之间的距离等。

　　（1）导线电流的影响。导线通过的电流越大，则线下相同位置处的地面工频磁感应强度越大。

　　（2）导线对地高度的影响。增加导线的架设高度，可以减小线下工频磁感应强度。

　　（3）单回线路导线布置方式的影响。相导线按三角方式布置时，由于三相线路在空间更为紧凑，使空间工频磁场的抵消作用更强。

　　（4）同塔多回线路相序布置方式的影响。对于同塔多回输电线路，相导线按不同的相序布置，各相导线电流在空间产生的工频磁场合成效果不同。

　　（5）沿垂直线路方向，随着与导线距离的增加，线路产生的工频磁感应强度快速减小。

　　以 1000kV、500kV 和 220kV 交流输电线路为例，图 2-2 给出了线路下方工频磁感应强度在垂直线路方向上的分布曲线。可以看出，工频磁感应强度的大小主要由电流和导线对地高度决定，因此虽然电压等级提高，但线下工频磁感应强度却并不一定增加。

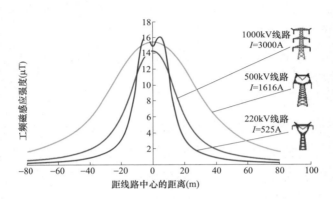

图 2-2　工频磁感应强度在垂直线路方向上的
分布曲线

　　一般而言，在实际情况下高压架空输电线路的
地面工频磁感应强度都远低于 GB 8702—2014《电
磁环境控制限值》规定的限值要求。

05 变电站周围的工频电场和工频磁场有多大？

答案▶ 实测表明，变电站周围工频电场强度和工频磁感应强度较小，比国家标准值规定的限值要低很多。

对于户外式变电站，由于变电站围墙的屏蔽作用，围墙外的工频电场强度整体较小，在进出线或带电构架附近，工频电场强度较大；随着与带电体距离的增加，工频电场强度很快衰减。户外式变电站围墙外工频电场强度的实测结果表明，变电站站界 1m 外的工频电场强度一般在几伏到几百伏每米之间（靠近变电站进出线附近除外）。户外式变电站围墙外工频磁场的实测结果表明，变电站站界 1m 外的工频磁感应强度小于 10μT（微特），远低于我国规定的限值 100μT（微特）。

户内式和半户内式变电站大多采用了气体绝缘全封闭组合电器、组合电气、地下电缆等（环保）措施，其产生的工频电场和工频磁场较户外式变电站的数值更低，趋近于背景值。

可见，变电站周围的工频电场强度、工频磁感应强度数值远低于国家标准的要求，不会对居民健康产生影响。

06 为什么在高压架空输电线路下的试电笔会发光?

答案▶ 试电笔简称电笔,是一种低压电工安全用具,用来检查测量低压导体和电气设备外壳是否带电。这类电笔按内部结构可分为氖管式电笔和数字式电笔,其中,氖管式电笔由探测极、电阻器、氖管、弹簧、观察窗和手摸极几部分组成,这类电笔内部没有电源,氖管发光的能量来自外部。

用氖管式电笔试电时,从测试点来看,等效电源电压在氖管未导通前,将全部加于管子的两端。所以,在此电压高于笔内氖管启辉电压(一般为交流 65V 左右,直流 90V 左右)的情况下,再满足导通后流过管子的电流不小于它的最小发光电流(一般为 1.5μA 左右),氖管就会可靠发光。

数字式电笔以高灵敏度的数字电路取代氖管。通常采用有电发声或液晶显示。其中被称为"感应式电笔"的,由于其灵敏度高,可以实现与低压导体非接触测量，常用于低压电路寻找断点。

一些数字式电笔采用了电阻分压，驱动液晶分段显示技术，可粗浅地显示出交流电压数值范围，但给出的电压值无准确度意义。

手持低压电笔，在高压线路下方的电场中触碰墙体、地面、金属物体时，不同种类的低压电笔均可能显示有电，这是一种正常现象。手持感应式电笔时，甚至不必触碰任何物体，电笔也会显示，告诉你这里有高压线路的感应场。低压电笔的这种电压显示，主要是人体感应电压与地面或者非接地体的电位差。例如，在电场强度为 1.5kV/m 的电场下，电笔显示的电压可达到 220V。有人会提出，验电笔所显示的电压会对人造成触电或伤害吗？国际上研究一致表明，对人体是否造成伤害的因素是流过人体的接触电流，而不是接触电压。研究表明对包括儿童在内的所有人群，接触可导电的导体时人体感知电流的反应阈值均为 0.5mA（500μA）。虽然在 1.5kV/m 电场下，电笔显示电压为 220V，但流过人身上的电流最多只有 20 几微安（见表 2-1），远小于 500μA 人体感知电流。也就是说，直接触摸低压民用电的 220V 导体时可以导致人体触电，而在高压架空输电线路下方高达 10kV/m 的工频电场时对人体健康却无危害。

表 2-1　　　　人体的感应电压及流过持续电流

志愿者	实际感应电压（V）	电笔显示电压（V）	电流（μA）
1	193	220	19.7
2	205	220	20.8
3	178	220	17.8
4	218	220	18.7
5	135	220	21.9
6	150	220	19.3

07 为什么高压架空输电线路会发出声音，有时还会看到火花？

答案▶ 高压架空输电线路运行时，导线及绝缘子金具表面电场会将附近很小空间的空气局部电离，产生放电现象，通常称为电晕放电。电晕放电过程中，伴随着电离、复合等过程，会产生声、光、热等效应，发出微弱的“嗞嗞”声，有时还会看到蓝色的辉光。这种放电现象对附近活动的人员不会产生有害影响，其产生的噪声也能够满足国家标准。

08 输变电设施会不会产生电磁辐射？

类似问题：高压架空输电线路产生的工频电场和工频磁场是否属于电磁辐射？

答案▶ 输变电设施不会产生电磁辐射，更不会产生核辐射。

"电磁辐射"这一术语源于高频电磁理论，指的是能量以电磁波形式发射和在空间传播的物理现象。而交流输变电设施采用的频率为 50Hz，属于极低频频率，输变电设施的能量实际上是沿导线传播的，并不具备向周围"发射"的特征。其附近的工频电场和工频磁场分别单独存在，不会在相互转变中向外传播，也就是说不会产生电磁辐射。美国威斯康星大学医学院放射学教授约翰·莫尔登（John Monlder）2004 年发表的计算表明，典型的由电力线路所发射的最大功率密度将小于 $0.0001\mu W/cm^2$，比晴朗的夜晚由满月送到地球表面的辐射能量（$0.2\mu W/cm^2$）还小 2000 倍。国内的实际测量也验证了上述结论。

09 输变电设施产生的工频电场和工频磁场会影响健康吗？会不会得癌症？

类似问题：①输电线路和变电站的工频电场和工频磁场是否会对人体健康产生影响？②输电线路是否会引发癌变？③网上流传，高压输电线路会对人体产生伤害，会使少年儿童得白血病，是真的吗？

答案▶ 世界卫生组织官方文件指出，国际上的研究一致表明："极低频场与生物组织相互作用的唯一实际方式是在生物组织中感应电场和电流。然而，在环境中通常遇到的极低频场曝露水平下，所感应的电流比我们体内自然存在的电流数值还低"。2006年，世界卫生组织"国际电磁场计划"工作组按照标准的健康风险评价程序完成了健康风险评估，结论是按现有标准的公众曝露控制限值，环境中电场和磁场在体内所感应的电场和电流密度即便对老人、儿童或孕妇都是安全的。

针对社会流传的极低频磁场曝露使儿童期白血

病风险增加的担忧，世界卫生组织的评估结论是：总体权衡，与儿童期白血病有关的证据不足以认定为存在因果关系。

世界卫生组织"国际电磁场计划"还对公众关心的低频磁场与儿童癌症、成人癌症、忧郁症、自杀、心血管紊乱、不育、发育障碍、免疫系统变异、神经生物影响和神经退变性疾病的关联进行了全面风险评估，结论是：证据显示极低频磁场不会引起这些疾病。

小贴士

世界卫生组织（World Health Organization，简称 WHO）是联合国下属的一个专门机构，总部设置在瑞士日内瓦，只有主权国家才能参加，是国际上最大的政府间卫生组织，截至 2015 年共有 194 个成员国。1946 年国际卫生大会通过了《世界卫生组织组织法》，1948 年 4 月 7 日世界卫生组织宣布成立。于是，每年的 4 月 7 日也就成为全球性的"世界卫生日"。

第三章
输变电工程的电磁环境标准

01　世界卫生组织推荐的工频电场和工频磁场曝露限值是多少？

答案▶ 世界卫生组织（WHO）"国际电磁场计划"明确推荐将国际非电离辐射防护协会（ICNIRP）发布的《限制时变电场、磁场和电磁场曝露（300GHz以下）导则》和电气与电子工程师协会（IEEE）发布的C95.6《IEEE关于人体曝露于0～3kHz电磁场的安全水平标准》，作为形成全球标准基础的曝露标准。上述两项曝露标准，对人体曝露于工频电场、工频磁场环境中电场强度与磁感应强度的允许限值分别作出规定，见表3-1。2010年，国际非电离辐射防护协会发布了《限制时变电场和磁场曝露的导则》（1Hz~100kHz），提出磁感应强度职业曝露限值为1000μT，公众曝露限值为200μT。

表 3-1   50Hz 工频电场、工频磁场限值对照表

标准	电场强度（kV/m）		磁感应强度（μT）	
	职业/受控环境	公众	职业/受控环境	公众
ICNIRP 导则（1998）	10	5	500	100
IEEE C95.6（2002）	20	5	2710	904

02 世界卫生组织推荐的工频电场和工频磁场曝露限值的科学依据是什么？

类似问题：工频电场和工频磁场标准的限值是否需要进一步降低以保护公众安全？

答案▶ 电场和磁场曝露限值是建立在已有的、并经国际公认的科学研究成果基础之上，这些研究既涉及生物学、医学、流行病学，又涉及物理学和工程学。对所有这些研究成果还需要予以分类复核与鉴别，以确定其可采信等级及其在限值制定工作中的作用。

按照世界卫生组织"以证据为基础"的原则，针对已确定的健康影响，国际权威的电磁场标准制定机构（国际非电离辐射防护协会 ICNIRP）按照严格的科学程序制定了包括低频电磁场在内的曝露标准。其大致程序是：在获得广泛科学数据的基础上，确定不存在健康危害的曝露阈值水平；根据科学不确定性范围赋予安全因子，从而获得不同频率下与健康影响最低阈值相关的控制曝露的基本限值。在低频范围（100kHz以下），基本限值是体内电流密度或者体内电场强度。由于基本限值通常难以在体内直接测量，因此采用了高度精确的人体数值仿真技术，折算出等效的"参照水平"作为可实际测量的控制限值。在低频范围（100kHz以下），参照水平的物理量是电场强度和磁感应强度。国际标准制定中，充分考虑了不同人群（包括病人、妇女、儿童和老人）的保护。

世界卫生组织（WHO）于1996年5月，设立了一个全球60多个国家参与、11个国际权威组织协同的国际性大型的"国际电磁场计划"项目，该项目为期十年，集中对电磁环境的健康影响科学证据、标准和政策等进行全面的评估。为鼓励各国政府建立能向全人类提供相同或相似健康保护水平的曝露限值及其他控制措施，世界卫生组织推荐国际非电离辐射防护协会（ICNIRP）制定的国际标准，并鼓励成员国采纳。世界卫生组织认为，迄今关于长期、低水平极低频场曝露健康影响可能性的科学证据，不足以证明需要降低这些量化的曝露限值。

03 我国国家标准中的工频电场和工频磁场控制限值是多少？与电压等级有关系吗？

答案▶ 根据 GB 8702—2014《电磁环境控制限值》的规定，频率为 50Hz 时，以电场强度 4kV/m，磁感应强度 100μT 作为公众工频电场和工频磁场的曝露控制限值。另外，架空输电线路下的耕地、园地、牧草地、禽畜饲养地、养殖水面、道路等场所，其工频 50Hz 的电场强度控制限值为 10kV/m。

GB 8702—2014《电磁环境控制限值》中，工频电场和工频磁场控制限值只与频率有关，与电压等级无关。从电磁环境保护管理角度，100kV 以下电压等级的交流输变电设施产生的工频电场、工频磁场可免于管理。

04 我国现行标准对输变电工程的工频电场测量有什么规定？为什么不宜在雨天测量？

答案▶ HJ 681—2013《交流输变电工程电磁环境监测方法（试行）》及 DL/T 988—2005《高压交流架空送电线路、变电站工频电场和磁场测量方法》规定，环境条件应符合仪器的使用要求。测量工作应在无雨、无雾、无雪的天气下进行。测量时环境湿度应在 80% 以下，避免测量仪器支架泄漏电流等影响。测量仪器的探头离地面高度为 1.5m；在对指定区域进行测量时，测量探头与周围建筑物应至少保持 1.5~2m 的水平距离；测量人员应离测量仪器的探头足够远，至少 2.5m，从而避免在仪表处产生较大的电场畸变。

目前，国内外广泛使用的测量仪器大多属于悬浮体场强仪，其原理是在被测电场中引入一对包含两块极板的孤立导体（见图 3-1），测量其两个极板之间的感应电流；测量时，探头是采用绝缘支架加以固定支撑。在潮湿环境下，绝缘支架变成了导体，造成探头所在位置的电场畸变，探头的表头读数会明显增大。因此，应避免在潮湿天气下进行测量。两种悬浮体型电场探头如图 3-1 所示。

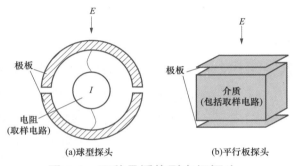

(a)球型探头   (b)平行板探头

图 3-1　两种悬浮体型电场探头

在实际的测试中发现，在相对湿度较小时，工频电场强度测量值随环境相对湿度变化不大，在相对湿度较大时，工频电场强度测量值不准确，且近似呈指数增加，与实际工频电场强度值相差较大，因此工频电场测量仪器不能在雨天测量。

05 我国对直流输电线路合成电场和直流磁场的限值是多少？

答案▶ 根据 DL/T 1088—2008《±800kV 特高压直流线路电磁环境参数限值》：±800kV 直流架空输电线路临近民房时，民房处地面的合成电场强度限值为 25kV/m，且 80% 的测量值不得超过 15kV/m；线路跨越农田、公路等人员容易到达区域的合成电场强度限值为 30kV/m。±800kV 直流架空输电线路下方的磁感应强度限值为 10mT。其他电压等级的直流输电线路可参照执行。

第四章
输变电工程的噪声

01 变电站和换流站的噪声是怎么产生的？
类似问题：变电站和换流站的主要噪声源有哪些？

答案▶ 变电站和换流站噪声主要包括变压器（换流变压器）、电抗器等设备噪声及变电构架上的带电导体噪声。

变电站运行中，变压器和高压并联电抗器铁芯磁致伸缩和线圈电磁力振动会产生低频噪声，同时冷却装置运转会产生中高频的空气动力性噪声。超高压及特高压变电站变电构架上的带电导体电晕放电过程中会产生宽频带的电晕噪声。另外，户内变电站排风口风扇运转也会产生空气动力性噪声。

换流站运行中，换流变压器及平波电抗器铁芯磁致伸缩和线圈电磁力振动会产生低频噪声，同时冷却装置运转会产生中高频的空气动力性噪声。换流站变电构架上的带电导体电晕放电过程中也会产生宽频带的电晕噪声。图 4-1 ~ 图 4-4 分别为变电站变压器、电抗器、变电构架及换流站换流变压器。

图 4-1　变电站变压器

图 4-2　变电站电抗器

图 4-3 变电站变电构架

图 4-4 换流站换流变压器

02 高压架空输电线路噪声是怎样产生的？为什么不同天气条件下噪声大小不同？

类似问题：我家住在高压架空输电线路附近，经常听到导线发出"嗞嗞"的噪声，下雨天更加明显，为什么？

答案▶ 高压架空输电线路噪声是指导线表面周围空气电晕放电时所产生的一种人耳能够直接听到的噪声。

交流输电线路的表面电晕放电程度与环境气候相关，因此导线噪声大小受环境气候的影响较大。在晴朗的天气下，由交流输电线路电晕产生的噪声较小；在潮湿的雨天或雾天，导线上的小水滴产生大量沿导线随机分布的电晕放电点，使得输电线路导线噪声明显比晴天的大，不过在雨天条件下，环境背景噪声也较大。根据 GB 3096—2008《声环境质量标准》，雨天噪声不满足测量要求，噪声测量应在无雨雪、无雷电天气下进行。

直流输电线路在雨天时导线的起晕场强比晴天时低，导线周围的离子比晴天时多。下雨初期，导线表面离子浓度不大，电晕放电比晴天稍强，下雨延续一段时间后，导线起晕场强进一步降低，导线表面离子增加，使得导线不规则的面都被较浓的电荷所包围，减小了电晕放电强度，使得噪声较晴天反而有所减小。

03 输变电工程执行的噪声标准是多少?

类似问题：变电站噪声很吵，国家有标准对其进行控制吗?

答案▶ 输变电工程噪声执行标准包括声环境质量标准、厂界环境噪声排放标准、建筑施工场界环境噪声排放标准。输变电工程运行期变电站和换流站厂界环境噪声排放执行 GB 12348—2008《工业企业厂界环境噪声排放标准》，排放限值见表 4-1；变电站和换流站及输电线路周围、声环境敏感建筑物噪声执行 GB 3096—2008《声环境质量标准》，标准限值表 4-2；输变电工程建设期建筑施工噪声执行 GB 12523—2011《建筑施工场界环境噪声排放标准》，排放限值见表 4-3。

表 4-1 工业企业厂界环境噪声排放标准（GB 12348—2008）

单位：dB（A）

厂界外声环境功能区类别	时段	
	昼间	夜间
0	50	40
1	55	45
2	60	50
3	65	55
4	70	55

注 表中所列声环境功能区类别划分如下所述：

0 类声环境功能区：指康复疗养区等特别需要安静的区域。

1 类声环境功能区：指以居民住宅、医疗卫生、文化教育、科研设计、行政办公为主要功能，需要保持安静的区域。

2 类声环境功能区：指以商业金融、集市贸易主要功能，或者居住、商业、工业混杂，需要维护住宅安静的区域。

3 类声环境功能区：指以工业生产、仓储物流为主要功能，需要防止工业噪声对周围环境产生严重影响的区域。

4 类声环境功能区：指交通干线两侧一定距离之内，需要防止工业噪声对周围环境产生严重影响的区域，包括 4a 类和 4b 类两种类型。4a 类为高速公路、一级公路、二级公路、城市快速路、城市主干路、城市轨道交通（地面段）、内河航道两侧区域；4b 类为铁路干线两侧区域。

表 4-2　　声环境质量标准（GB 3096—2008）

单位：dB（A）

声环境功能区类别		时段	
		昼间	夜间
0		50	40
1		55	45
2		60	50
3		65	55
4	4a 类	70	55
	4b 类	70	60

表 4-3　建筑施工场界环境噪声排放标准（GB 12523—2011）

单位：dB（A）

昼间	夜间
70	55

04 变电站和换流站的厂界噪声如何监测?

答案▶ 根据 GB 12348—2008《工业企业厂界环境噪声排放标准》，在无雨雪、无雷电，风速小于 5m/s 以下的天气，对变电站（换流站）厂界环境噪声进行布点和测量。具体规定如下：

（1）根据变电站（换流站）噪声源、周围噪声敏感建筑物的布局以及毗邻的区域类别，在变电站厂界布设多个测点，其中包括距噪声敏感建筑物较近以及受被测声源影响大的位置。一般情况下，测点选在工业企业厂界外 1m、高度 1.2m 以上、距任一反射面距离不小于 1m 的位置。

（2）当变电站（换流站）厂界有围墙且周围有受影响的噪声敏感建筑物时，测点应选在厂界外 1m、高于围墙 0.5m 以上的位置；当厂界无法测量到声源的实际排放状况时（如声源位于高空、厂界设有声屏障等），应按厂界外 1m、高 1.2m 的要求设置测点，同时在受影响的噪声敏感建筑物户外

1m 处另设测点。

（3）当变电站（换流站）厂界与噪声敏感建筑物距离小于 1m 时，厂界环境噪声应在噪声敏感建筑物的室内测量，并将标准限值减 10dB（A）作为评价依据。室内噪声测量时，室内测量点位设在距任一反射面至少 0.5m 以上、距地面 1.2m 高度处，在受噪声影响方向的窗户开启状态下测量。

（4）变电站主要设备噪声，通过建筑结构传播至噪声敏感建筑物室内，在噪声敏感建筑物室内测量时，测点应距任一反射面至少 0.5m 以上、距地面 1.2m、距外窗 1m 以上，窗户保持在关闭状态下。被测房间内的其他可能干扰测量的声源（如电视机、空调机、排气扇以及镇流器较响的日光灯、运转时出声的时钟等）应关闭。

05 变电站和换流站降低噪声的措施主要有哪些？

答案▶ 变电站和换流站降噪措施主要包括优化选址及设备布置、声源控制、声屏障、隔声罩和隔振装置。

（1）优化选址及设备布置。变电站（换流站）规划选址时，尽量选择对声环境质量要求较低的区域，避开噪声敏感建筑物。

变电站（换流站）设计时，应对设备布局进行合理优化。将站内变压器等主要噪声设备布置在站址中央区域或远离站外声环境敏感目标的区域；将站内高大建筑物布置在主要噪声设备与站外声环境敏感目标之间；如果变电站（换流站）不同方位执行的声环境功能区类别不同，可将主要噪声设备布置在对声环境要求较低的区域。

（2）声源控制。在变压器、电抗器选型过程中，将噪声指标作为衡量设备性能的重要参数进行严格控制，尽量选用低噪声设备。

在变压器、电抗器设计及制造过程中，选择优质晶粒取向的冷轧硅钢片材料，采用斜接缝叠装式铁芯结构，并在铁芯制造工艺上保持铁芯片平整以及适当的铁芯夹紧。

在变压器、电抗器安装过程中，可在器身与箱底之间加装缓冲隔振装置，减少铁芯的振动向其他器件的传递。

在变压器、电抗器运行过程中，由于直流偏磁影响出现噪声偏大情形时，应消除直流偏磁以减小噪声。

（3）声屏障。声屏障是一种专门设计的立于噪声源和受声点之间的声学障板，它通常是针对某一特定声源和特定保护位置（或区域）设计的。

声波在传播过程中，遇到声屏障时，会发生反射、透射和绕射现象。声屏障能有效阻止直达声的传播，并使绕射声有足够的衰减，而透射声的影响通常可忽略不计。如果在声源和接收点之间插入一个声屏障，只要屏障足够长，那么声波只能从屏障上方绕射过去，于是在屏障后形成一个声影区，声影区内噪声会明显减小。

变电站声屏障一般采用砖混结构或钢板结构，

其设计除满足声学要求外，还应满足电气安全、运行检修、通风散热、景观协调等方面的要求。变电站内变压器和电抗器周围的防火墙，也可看成是一种砖混结构的隔声屏障。

声屏障的降噪效果一般用降噪量或插入损失表示。降噪量与声源的噪声频率、声屏障的高度以及声源与接收点之间的距离等因素有关，一般可达 5~15dB（A）。变压器噪声隔声屏障和换流站厂界隔声屏障如图 4-5 和图 4-6 所示。

图 4-5 变压器噪声 　　图 4-6 换流站厂界
隔声屏障 　　　　　　隔声屏障

（4）隔声罩。隔声罩是用来阻隔设备向外辐射噪声的罩体，可以和设备外壳结合在一起，也可独立设置。隔声罩通常是具有隔声、吸声、消声、阻尼、隔振和通风等功能的综合体。隔声罩外壳一般为铺有阻尼层的钢板，内侧附加吸声材料，吸声材料上覆一层穿孔护面板。对于需要散热的设备，应在隔声罩上安装带有消声功能的通风管道。

目前，在我国部分变电站和换流站，隔声罩已投入运行，也取得了较好的降噪效果，特高压并联电抗器隔声罩降噪量一般可达到 10 ~ 20dB（A）。高压并联电抗器隔声罩示意图如图 4-7 所示。

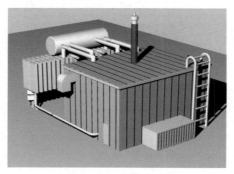

图 4-7 高压并联电抗器隔声罩示意图

（5）隔振装置。为减少变压器、电抗器噪声（振动）通过建筑结构传播至噪声敏感建筑物室内，可在变压器、电抗器等声源底部加装隔振装置，并将管线的刚性连接改为弹性连接，以减少噪声（振动）的传播。

隔振装置主要应用在户内变电站，一般可取得 3 ~ 10dB（A）的降噪效果。

第五章
输变电工程的环保管理及相关法律法规

01 输变电工程建设应履行哪些环保审批手续?

答案▶ 根据《中华人民共和国环境保护法》、《中华人民共和国环境影响评价法》、《建设项目环境保护管理条例》等规定，110kV及以上电压等级的输变电工程应在开工前履行环境影响评价报告的审批、在竣工后履行环保验收的审批。

（1）在工程开工前，建设单位委托有资质的环评机构编制项目的环境影响评价文件，按照分级审批规定报有审批权的环保主管部门审批。

根据环境保护部《关于环境保护部直接审批环境影响评价文件的建设项目目录（2015年本）》（环境保护部公告2015年第17号），跨境、跨省（区、市）±500kV及以上直流项目；跨境、跨省（区、市）500kV、750kV、1000kV交流项目编制环境影响报告书，编制完成后向环境保护部申报审批。非环保部审批的项目按照省级环保部门的规定报当地环保部门审批环境影响评价报告。

《建设项目环境影响评价分类管理名录》（环境保护部令第33号）规定，500kV及以上、涉及环境敏感区的330kV及以上输变电工程需要编制环境影响报告书，其他（不含100kV以下）电网建设项目应编制环境影响报告表。环境敏感区是指依法设立的各级各类自然、文化保护地，以及对建设项目的某类污染因子或者生态影响因子特别敏感的区域，输变电工程涉及的环境敏感保护区包括：自然保护区、风景名胜区、世界文化和自然遗产地、饮用水水源保护区；以居住、医疗卫生、文化教育、科研、行政办公等为主要功能的区域，文物保护单位，具有特殊历史、文化、科学、民族意义的保护地。

（2）在工程竣工后，建设单位应当向审批该建设项目环境影响报告书、环境影响报告表的环境保护行政主管部门，申请该建设项目需要配套建设的环境保护设施竣工验收。分期建设、分期投入生产或者使用的建设项目，其相应的环境保护设施应当分期验收。建设项目需要配套建设的环境保护设施经验收合格，该建设项目方可正式投入生产或者使用。

　　根据环境保护部《关于环境保护部直接审批环境影响评价文件的建设项目目录（2015 年本）》（环境保护部公告 2015 年第 17 号）规定，列入本公告目录的电网工程包括：跨境、跨省（区、市）±500kV 及以上直流项目；跨境、跨省（区、市）500kV、750kV、1000kV 交流项目，由环保部负责建设项目竣工环境保护验收，目录以外已由环保部审批环境影响评价文件的建设项目，委托项目所在地省级环境保护部门办理竣工环境保护验收。

　　非环保部审批的项目按照省级环保部门的规定报当地环保部门审批竣工环保验收报告。

　　按照《国务院关于第一批清理规范 89 项国务院部门行政审批中介服务事项的决定》（国发〔2015〕58 号）规定，由环境保护部负责的建设项目竣工环境保护验收由审批部门委托有关机构进行环境保护验收监测或调查。

　　地方环保部门负责的建设项目竣工环境保护验收，环境保护验收监测或调查机构的委托按照所在地政府及环保部门的规定执行。

02 输变电工程环境影响评价和竣工环保验收的范围及工作程序是什么？

答案▶ 依据 HJ 24—2014《环境影响评价技术导则　输变电工程》的规定，输变电工程**电磁环境影响评价范围**按照表 5-1 执行。

表 5-1　　输变电工程电磁环境影响评价范围

分类	电压等级	评价范围		
		变电站、换流站、开关站、串补站	线路	
			架空线路	地下电缆
交流	110kV	站界外 30m	边导线地面投影外两侧各 30m	电缆管廊两侧边缘各外延 5m（水平距离）
	220～330kV	站界外 40m	边导线地面投影外两侧各 40m	
	500kV 及以上	站界外 50m	边导线地面投影外两侧各 50m	
直流	±100kV 及以上	站界外 50m	极导线地面投影外两侧各 50m	

生态环境影响评价范围：变电站、换流站、开关站、串补站生态环境影响评价范围为站场围墙外

500m 内；不涉及生态敏感区的输电线路段生态环境影响评价范围为线路边导线地面投影外两侧各 300m 内的带状区域，涉及生态敏感区的输电线路段生态环境影响评价范围为线路边导线地面投影外两侧各 1000m 内的带状区域。

声环境影响评价范围： 变电站、换流站、开关站、串补站的声环境影响评价范围应按照 HJ 2.4 的相关规定确定；架空输电线路工程的声环境影响评价范围参照表 5-1 中相应电压等级线路的评价范围；地下电缆可不进行声环境影响评价。输变电工程环境影响评价的工作程序如图 5-1 所示。

依据 HJ 705—2014《建设项目竣工环境保护验收技术规范　输变电工程》的规定，验收调查的范围原则上与环境影响评价文件的评价范围一致；当工程实际建设内容发生变更或环境影响评价文件未能全面反映出工程建设的实际环境影响时，应根据工程实际变更和实际环境影响情况，结合现场踏勘对调查范围进行适当调整。

输变电工程竣工环境保护验收调查的工作程序如图 5-2 所示。

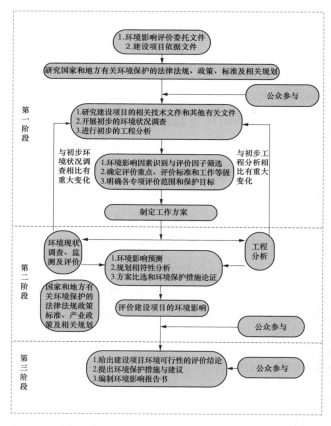

图 5-1　输变电工程环境影响评价的工作程序及内容

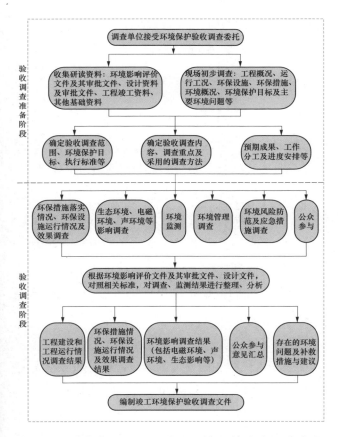

图 5-2　输变电工程项目竣工环境保护验收调查步骤

03 输变电工程环境影响评价公众参与有哪些要求？

答案▶《中华人民共和国环境保护法》（2014 年 4 月 24 日修订）规定，公民、法人和其他组织依法享有获取环境信息、参与和监督环境保护的权利。对依法应当编制环境影响报告书的建设项目，建设单位应当在编制时向可能受影响的公众说明情况，充分征求意见。负责审批建设项目环境影响评价文件的部门在收到建设项目环境影响报告书后，除涉及国家秘密和商业秘密的事项外，应当全文公开；发现建设项目未充分征求公众意见的，应当责成建设单位征求公众意见。

《中华人民共和国环境影响评价法》除国家规定需要保密的情形外，对环境可能造成重大影响、应当编制环境影响报告书的建设项目，建设单位应当在报批建设项目环境影响报告书前，举行论证会、听证会，或者采取其他形式，征求有关单位、专家和公众的意见。

　　建设单位报批的环境影响报告书应当附具对有关单位、专家和公众的意见采纳或者不采纳的说明。

　　《环境影响评价公众参与暂行办法》（环发〔2006〕28号）规定，以下建设项目需进行公众参与：①对环境可能造成重大影响、应当编制环境影响报告书的建设项目；②环境影响报告书经批准后，项目的性质、规模、地点、采用的生产工艺或者防治污染、防止生态破坏的措施发生重大变动，建设单位应当重新报批环境影响报告书的建设项目；③环境影响报告书自批准之日起超过五年方决定开工建设，其环境影响报告书应当报原审批机关重新审核的建设项目。

　　输变电工程建设单位或者其委托的环境影响评价单位在项目环境影响评价阶段，按照国家环保法律法规规定，依照项目分类、环境敏感程度等相应的公众参与要求，采取信息公示、问卷调查、座谈会、论证会、听证会等一种或多种形式，公开征求公众个人和相关团体的意见。

　　进行公示时，应采用以下一种或多种方式，如在建设项目所在地的公共媒体上发布公告、公开免费发放包含有关公告信息的印刷品或现场张贴公告等其他便利公众知情的信息公告方式公示。

问卷调查时，调查的内容应简单、通俗、明确、易懂；问卷的发放数量应当根据建设项目的具体情况，综合考虑环境影响的范围和程度、社会关注程度等相关因素。召开座谈会或听证会时，应根据环境影响的范围和程度、环境因素和评价因子等相关情况，合理确定座谈会或论证会的主要议题。召开听证会时，应按照项目所在地政府有关要求或参照《环境影响评价公众参与暂行办法》执行。

　　公众参与实施单位应通过适当的方式，如电话、信函、现场张贴公告、特定网站说明等，向提出意见的个人或组织反馈意见处理情况，特别要注重反对意见的反馈。在公众参与实施完成后，应对公众参与的情况进行分析总结。

　　HJ 24—2014《环境影响评价技术导则　输变电工程》中对公众参与也进行了规范。

04 《电磁辐射环境保护管理办法》第二十条规定：大型电磁辐射设施周围不得修建居民住房等敏感建筑。输变电设施是否属于大型电磁辐射设施？

答案▶ 输变电设施不属于大型电磁辐射设施。

原国家环境保护总局环办函〔2008〕664号"关于界定《电磁辐射环境保护管理办法》中'大型电磁辐射发射设施'的复函"中明确了大型电磁辐射设施的释义如下：

《电磁辐射环境保护管理办法》第二十条第二款规定："在集中使用大型电磁辐射发射设施或高频设备的周围，按环境保护和城市规划划定的规划限制区内，不得修建居民住房和幼儿园等敏感建筑。"该款所称"集中使用大型电磁辐射发射设施"是指在同一个用地范围内建设使用的以下发射设施：①总功率在200kW以上的电视发射塔；②总功率在1000kW以上的广播台、站。

在GB 8702—2014《电磁环境控制限值》和HJ

24—2014《环境影响评价技术导则 输变电工程》中，对于输变电工程都正式采用"电磁环境"术语，而不称为"电磁辐射"。

05 输变电工程采取了哪些环保措施？

类似问题：①输变电设施环保是否达标？②输电线路有没有采取环保措施？③变电站有没有采取环保措施？

答案▶ 输变电工程在开工前、施工期和运行期采取的主要环保措施包括：

（1）开工前。对于变电站（换流站），优化选址和总平面布置、进出线方向，根据站址污水产生量确定污水处理系统规模；合理确定站址高程，减少土石方量，设计必要的挡墙、护坡和防排洪设施，减少水土流失；优化电气设备布置及选型；选用低噪声设备，对噪声影响较大的变电站（换流站）采取隔声、减振等综合治理措施。

对于输电线路，优化路径和塔基，通过加高铁塔或使用转角塔避让等方式，减少对环境敏感区的影响；根据塔位地质地形条件选择合适的基础型式，对于山区的铁塔，设计采用全方位长短腿配合主柱加高基础等，减少土石方开挖；同时设置必要的挡护和排水措施；确定线路电气参数时，从导线型式、布置方式、相（极）间距等方面降低电磁环境和声环境影响。

（2）施工期。对于变电站（换流站），减少施工扬尘，减少废水排放，按规定处置固体废弃物；合理安排工期，尽量避免夜间施工；施工车辆经居民住宅等环境敏感区时降低速度、禁止鸣笛。

对于输电线路，采用飞艇、直升机、无人机放线等跨越施工技术，减少植被破坏和林木砍伐；设置必要的挡护和排水措施，减少水土流失；采取生态保护和生态恢复等措施，减少对线路沿线生态环境的影响。

（3）运行期。建立环保管理和监测制度，保障环保设施正常运行，减少废水、蓄电池、绝缘子等废弃物的产生量，确保各项污染因子达到环保标准的要求；及时消除事故隐患，制定环境污染事件处置应急预案，确保发生污染事故时可及时得到妥善处理。

第六章
其他问题

01 在变电站或高压架空输电线路附近走路或正常生活会触电吗？

答案▶ 在变电站或高压架空输电线路附近走路或正常生活不会触电。但如果有下列行为就可能发生触电：①向高压架空输电线路或变电站设施抛掷物体；②在高压架空输电线路两侧附近区域内放风筝、钓鱼；③擅自攀爬高压架空输电线路杆塔；④拆卸高压架空输电线路杆塔上的永久性标志或标志牌；⑤其他危害高压架空输电线路或变电站设施的行为。

02 高压架空输电线路和变电站会给邻近的房屋引来雷击吗?

答案▶ 高压架空输电线路和变电站不会给邻近的房屋引来雷击。因为输电线路和变电站在设计时都有严格的防雷要求,输电线路整条线路上方设有避雷线,变电站周围设有避雷针,不仅能有效地防止雷击,也可为邻近房屋提供一定的防雷保护作用。

03 高压架空输电线路跨越民房时有哪些规定?

答案 依据 GB 50545—2010《110kV～750kV 架空输电线路设计规范》、GB 50665—2011《1000kV 架空输电线路设计规范》、GB 50790—2013《±800kV 直流架空输电线路设计规范》的要求:导线与建筑物之间的距离符合以下规定:

(1)在最大计算弧垂情况下,导线与建筑物之间的最小垂直距离,应符合表 6-1 的规定。

表 6-1   导线与建筑物之间的最小垂直距离

标称电压(kV)	110	220	330	500	750	1000	±800
垂直距离(m)	5.0	6.0	7.0	9.0	11.5	15.5	16.0

(2)在最大计算风偏情况下,边导线与建筑物之间的最小净空距离,应符合表 6-2 的规定。

表 6-2　　　边导线与建筑物之间的最小净空距离

标称电压（kV）	110	220	330	500	750	1000	±800
净空距离（m）	4.0	5.0	6.0	8.5	11.0	15.0	15.5

（3）在无风情况下，边导线与建筑物之间的水平距离，应符合表 6-3 的规定。

表 6-3　　　边导线与建筑物之间的水平距离

标称电压（kV）	110	220	330	500	750	1000	±800
水平距离（m）	2.0	2.5	3.0	5.0	6.0	7.0	7.0

设计时，输电线路不应跨越屋顶为可燃材料的建筑物。对耐火屋顶的建筑物，如需跨越时应与有关方面协商同意。500kV 及以上输电线路不应跨越长期住人的建筑物。

04 什么是高压架空输电线路保护区？是如何规定的？

答案▶ 架空输电线路保护区，是为了保证已建架空电力线路的安全运行和保障人民生活的正常供电而必须设置的安全区域。根据《电力设施保护条例》，架空电力线路保护区是导线边线向外侧水平延伸并垂直于地面所形成的两平行面内的区域，在一般地区各级电压导线的边线延伸距离如下：

电压等级（kV）	导线的边线延伸距离（m）
1～10	5
35～110	10
154～330	15
500	20

在厂矿、城镇等人口密集地区，架空输电线路保护区的区域可略小于上述规定。但各级电压导线边线延伸的距离，不应小于导线边线在最大计算弧垂及最大计算风偏后的水平距离和风偏后距建筑物的安全距离之和。

　　设置架空输电线路保护区的目的是为了保证已建架空输电线路的安全运行和保障人民生活正常供电。这一区域由国家强制划定，任何单位或个人在架空输电线路保护区内，必须遵守"不得兴建建筑物、构筑物"等规定，实际上是为保护架空输电线路这一公用设施的安全，对该区域内的行为做出了限制。

05 高压架空输电线路附近哪些行为被禁止或限制？

答案▶ 根据我国《电力设施保护条例》第十四条至十八条的规定，输电线路附近以下行为被禁止或限制。

第十四条 任何单位或个人，不得从事下列危害电力线路设施的行为：

（一）向电力线路设施射击；

（二）向导线抛掷物体；

（三）在架空电力线路导线两侧各300米的区域内放风筝；

（四）擅自在导线上接用电器设备；

（五）擅自攀登杆塔或在杆塔上架设电力线、通信线、广播线，安装广播喇叭；

（六）利用杆塔、拉线作起重牵引地锚；

（七）在杆塔、拉线上拴牲畜、悬挂物体、攀附农作物；

（八）在杆塔、拉线基础的规定范围内取土、打桩、钻探、开挖或倾倒酸、碱、盐及其他有害化学物品；

（九）在杆塔内（不含杆塔与杆塔之间）或杆塔与拉线之间修筑道路；

（十）拆卸杆塔或拉线上的器材，移动、损坏永久性标志或标志牌；

（十一）其他危害电力线路设施的行为。

第十五条 任何单位或个人在架空电力线路保护区内，必须遵守下列规定：

（一）不得堆放谷物、草料、垃圾、矿渣、易燃物、易爆物及其他影响安全供电的物品；

（二）不得烧窑、烧荒；

（三）不得兴建建筑物、构筑物；

（四）不得种植可能危及电力设施安全的植物。

第十六条 任何单位或个人在电力电缆线路保护区内，必须遵守下列规定：

（一）不得在地下电缆保护区内堆放垃圾、矿渣、易燃物、易爆物，倾倒酸、碱、盐及其他有害化学物品，兴建建筑物、构筑物或种植树木、竹子；

（二）不得在海底电缆保护区内抛锚、拖锚；

（三）不得在江河电缆保护区内抛锚、拖锚、炸鱼、挖沙。

第十七条 任何单位或个人必须经县级以上地方电力管理部门批准,并采取安全措施后,方可进行下列作业或活动:

(一)在架空电力线路保护区内进行农田水利基本建设工程及打桩、钻探、开挖等作业;

(二)起重机械的任何部位进入架空电力线路保护区进行施工;

(三)小于导线距穿越物体之间的安全距离,通过架空电力线路保护区;

(四)在电力电缆线路保护区内进行作业。

第十八条 任何单位或个人不得从事下列危害电力设施建设的行为:

(一)非法侵占电力设施建设项目依法征收的土地;

(二)涂改、移动、损害、拔除电力设施建设的测量标桩和标记;

(三)破坏、封堵施工道路,截断施工水源或电源。

小贴士

电力设施受国家法律保护，禁止任何单位或个人从事危害电力设施的行为。任何单位和个人都有保护电力设施的义务，对危害电力设施的行为，有权制止并向电力管理部门、公安部门报告。对危害电力设施安全的行为，电力企业有权制止并可以劝其改正、责其恢复原状、强行排除妨害，责令赔偿损失、请求有关行政主管部门和司法机关处理，以及采取法律、法规或政府授权的其他必要手段。